うんこドリル

東京大学との共同研究で学力向上・学習意欲向上が実証されました！

❶ 学習効果UP!

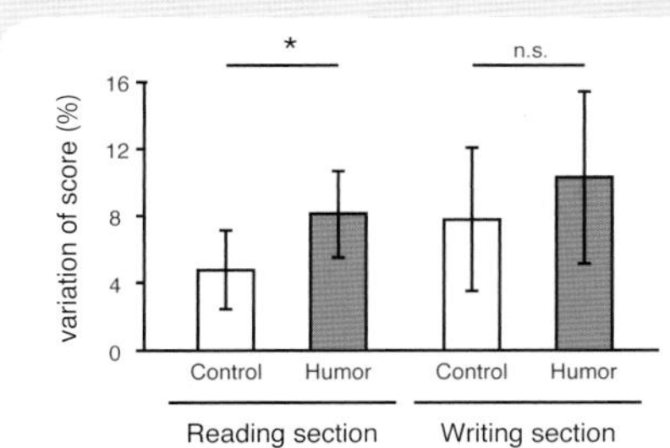

※「うんこドリル」とうんこではないドリルの、正答率の上昇を示したもの。
Control＝うんこではないドリル　／　Humor＝うんこドリル
Reading section＝読み問題　／　Writing section＝書き問題

オレンジのグラフがうんこドリルの学習効果なのじゃ！

うんこドリルで学習した場合の成績の上昇率は、うんこではないドリルで学習した場合と比較して約60％高いという結果になったのじゃ！

❷ 学習意欲UP!

Alpha　Beta　Slow gamma

Relative ΔEEG power

※「うんこドリル」とうんこではないドリルの閲覧時の、脳領域の活動の違いをカラーマップで表したもの。左から「アルファ波」「ベータ波」「スローガンマ波」。明るい部分ほど、うんこドリル閲覧時における脳波の動きが大きかった。

明るくなっているところが、うんこドリルが優位に働いたところなのじゃ！

うんこドリルで学習した場合「記憶の定着」に効果的であることが確認されたのじゃ！

共同研究　**東京大学薬学部**

1998年に東京大学にて薬学博士号を取得。20… はさみ、2014年より現職。専門分野は神経生理学で、… 脳AI融合プロジェクトの代表を務め、AIチップの… 文部科学大臣表彰 若手科学者賞 (2008年)、… 日本学士院学術奨励賞 (2013年) などを受賞。

著書：『海馬』『記憶力を強くする』『進化しすぎた脳』
論文：Science 304:559、2004、同誌 311:599、2011、同誌 335:353、2012

JN040817

先生のコメントはウラへ ➡

考察　池谷裕二教授より

教育において、ユーモアは児童・生徒を学習内容に注目させるために広く用いられます。先行研究によれば、ユーモアを含む教材では、ユーモアのない教材を用いたときよりも学習成績が高くなる傾向があることが示されていました。これらの結果は、ユーモアによって児童・生徒の注意力がより強く喚起されることで生じたものと考えられますが、ユーモアと注意力の関係を示す直接的な証拠は示されてきませんでした。そこで本研究では９～10歳の子どもを対象に、電気生理学的アプローチを用いて、ユーモアが注意力に及ぼす影響を評価することとしました。

本研究では、ユーモアが脳波と記憶に及ぼす影響を統合的に検討しました。心理学の分野では、ユーモアが学習促進に役立つことが提唱されていますが、ユーモアが学習における集中力にどのような影響を与え、学習を促すのかについてはほとんど知られていません。しかし、記憶のエンコーディングにおいて遅いγ帯域の脳波が増加することが報告されていることと、今回我々が示した結果から、ユーモアは遅いγ波を増強することで学習促進に有用であることが示唆されます。
さらに、ユーモア刺激によるβ波強度の増加も観察されました。β波の活動は視覚的注意と関連していることが知られていること、集中力の程度は体の動きで評価できることから、本研究の結果からは、ユーモアがβ波強度の増加を介して集中度を高めている可能性が考えられます。

これらの結果は、ユーモアが学習に良い影響を与えるという instructional humor processing theory を支持するものです。

※ J. Neuronet., 1028:1-13, 2020　http://neuronet.jp/jneuronet/007.pdf

東京大学薬学部　池谷裕二教授

がんばったねシール

もんだいを　ときおわったら，１ページに　はろう。

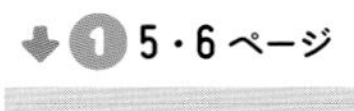
① 5・6ページ

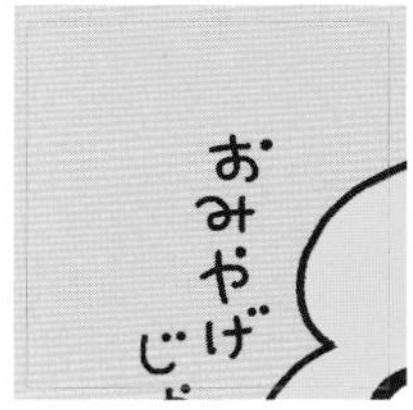

② 7・8ページ

③ 9・10ページ

④ 11・12ページ

⑤ 13・14ページ

⑥ 15・16ページ

⑦ 17・18ページ

⑧ 19・20ページ

⑨ 21・22ページ

⑩ 23・24ページ

⑪ 25・26ページ

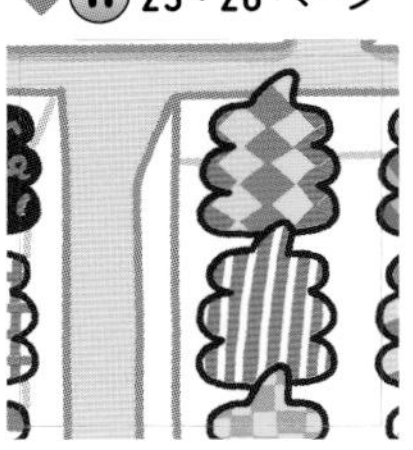

⑫ 27・28ページ

⑬ 29・30ページ

⑭ 31・32ページ

⑮ 33・34ページ

⑯ 35・36ページ

↓⑰ 37・38ページ

↓⑱ 39・40ページ

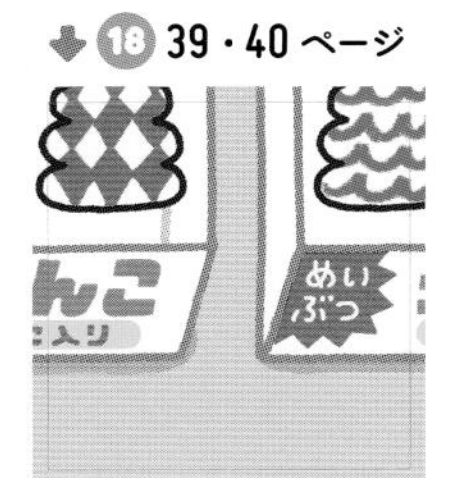

↓⑲ 41・42ページ

↓⑳ 43・44ページ

↓㉑ 45・46ページ

↓㉒ 47・48ページ

↓㉓ 49・50ページ

↓㉔ 51・52ページ

↓㉕ 53・54ページ

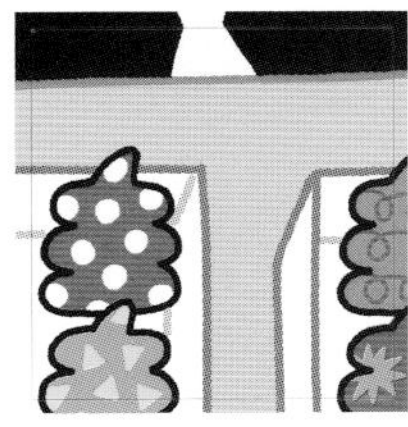

↓㉖ 55・56ページ

↓㉗ 57・58ページ

↓㉘ 59・60ページ

↓㉙ 61・62ページ

↓㉚ 63・64ページ

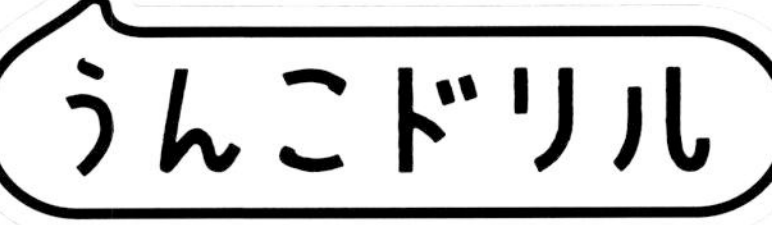

うんこ先生からのもんだい

ぜんぶ はると 絵が できて 答えが わかるぞい。

おみやげの はこに 入った うんこの 数は 何こかな？

答え合わせを したら，番号の ところに シールを はろう。

1 5・6ページ	13 29・30ページ	5 13・14ページ	21 45・46ページ	10 23・24ページ
27 57・58ページ	19 41・42ページ	7 17・18ページ	9 21・22ページ	23 49・50ページ
4 11・12ページ	25 53・54ページ	29 61・62ページ	20 43・44ページ	14 31・32ページ
6 15・16ページ	15 33・34ページ	26 55・56ページ	28 59・60ページ	2 7・8ページ
16 35・36ページ	30 63・64ページ	11 25・26ページ	22 47・48ページ	17 37・38ページ
3 9・10ページ	24 51・52ページ	12 27・28ページ	18 39・40ページ	8 19・20ページ

もくじ

1日1まい

30日うんこドリルのつかい方

1 1日1まいを　しっかりと　とくのじゃ。
おもてに　5もん，うらに　5もんで
10もん　とくぞい。

わすれずに　うらも　やろう。

うらも　やろう

2 おわったら，答え合わせを　するのじゃ。
できた　分だけ　色を　ぬって，
できなかった　もんだいは，なんども
とり組んで　おぼえるのじゃぞ。

ここに　答えの　ページが
書いて　あるよ。

こたえは 65 ページ

3 べん強した　ページの　シールを
はるのじゃ。すべての　シールを
はると，わしからの　もんだいの
答えが　わかるぞい！

さい後まで　とり組んだら，
もんだいの　答えが　わかるよ。

おみやげの はこに 入った
うんこの 数は 何こかな？

1 日目

2のだんと 5のだん❶

学習日 月 日

● 2のだんの 九九を おぼえましょう。

① $2 \times 1 =$ □
に いち が に

$2 \times 2 = 4$
に にん が し

② $2 \times 3 =$ □
に さん が ろく

$2 \times 4 = 8$
に し が はち

③ $2 \times 5 =$ □
に ご じゅう

$2 \times 6 = 12$
に ろく じゅうに

④ $2 \times 7 =$ □
に しち じゅうし

$2 \times 8 = 16$
に はち じゅうろく

⑤ $2 \times 9 =$ □
に く じゅうはち

うらも やろう

● 5のだんの　九九を　おぼえましょう。

5×1＝5
ご　いち が ご

(6) 5×2＝□
ご　に　じゅう

(7) 5×3＝□
ご　さん　じゅうご

5×4＝20
ご　し　にじゅう

(8) 5×5＝□
ご　ご　にじゅうご

(9) 5×6＝□
ご　ろく　さんじゅう

5×7＝35
ご　しち　さんじゅうご

(10) 5×8＝□
ご　は　しじゅう

5×9＝45
ごっ　く　しじゅうご

こたえは 65 ページ

できた分の色をぬって，1 ページにシールをはろう。

2のだんと 5のだん❷

学習日　　月　　日

● 計算を　しましょう。

① 2×3

② 2×6

③ 2×1

④ 2×2

● 声に　出して　読んでから　もんだいを　ときましょう。

⑤ うんこが　２こずつ　入った　虫かごが，４こ　あります。うんこは　ぜんぶで　何こ　ありますか。

しき

答え ____________

うらも　やろう

- 計算を　しましょう。

- 声に　出して　読んでから　もんだいを　ときましょう。

10 うんこを　2こずつ　もった　おじさんが
3人　います。うんこは　ぜんぶで　何こ
ありますか。

しき

答え ＿＿＿＿＿＿＿＿

こたえは 65 ページ

できた分の色をぬって，1ページにシールをはろう。

2のだんと5のだん❸

学習日　月　日

● 計算を　しましょう。

① 2×4

② 2×8

③ 2×2

④ 2×7

● 声に　出して　読んでから　もんだいを　ときましょう。

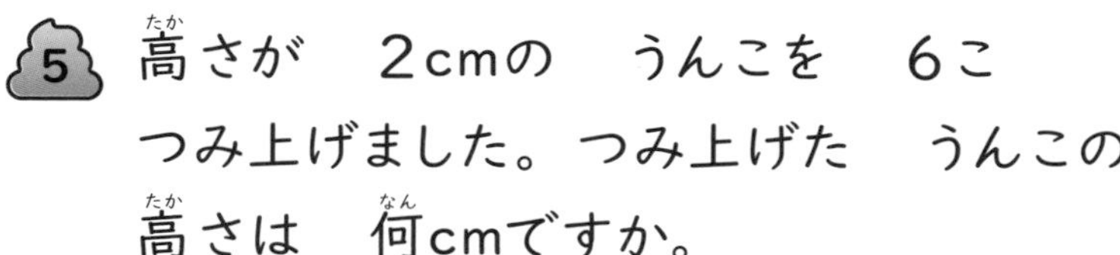
⑤ 高さが　2cmの　うんこを　6こ
つみ上げました。つみ上げた　うんこの
高さは　何cmですか。

しき

答え ＿＿＿＿＿＿＿＿

うらも　やろう

● かけ算の　しきと　絵が　合うように，
■と　●を　線で　むすびましょう。

⑥ 2×3 ■　　　● 

⑦ 2×1 ■　　　● 

⑧ 2×2 ■　　　●

⑨ 2×5 ■　　　● 

⑩ 2×6 ■　　　● 

こたえは 66 ページ

できた分の色をぬって，1 ページにシールをはろう。

2のだんと5のだん❹

学習日　　月　　日

● 計算を　しましょう。

① 5×3

② 5×8

③ 5×6

④ 5×5

● 声に　出して　読んでから　もんだいを　ときましょう。

⑤ ゆかの　スイッチを　１回　ふむと，５この うんこが　おちて　きます。４回　ふむと，うんこは　何こ　おちて　きますか。

しき

答え ＿＿＿＿＿＿＿＿

うらも　やろう

● 計算を　しましょう。

● 声に　出して　読んでから　もんだいを　ときましょう。

10 おじいちゃんは　うんこを　1回　するのに「うんこ！」と　5回　さけびます。うんこを　2回　しました。「うんこ！」と　何回　さけびましたか。

しき

答え ＿＿＿＿＿＿＿＿

こたえは 66 ページ

できた分の色をぬって，1ページにシールをはろう。

2のだんと5のだん⑤

学習日　月　日

● 計算を　しましょう。

① 5×5

② 5×2

③ 5×3

④ 5×6

● 声に　出して　読んでから　もんだいを　ときましょう。

⑤ うんこを　5こずつ　頭に　のせた
ピエロが　7人　います。うんこは　ぜんぶで
何こ　ありますか。

しき

答え ＿＿＿＿＿＿＿＿

うらも　やろう

● かけ算の　しきと　絵が　合うように，
■と　●を　線で　むすびましょう。

⑥ 5×3 ■　　　●

⑦ 5×1 ■　　　●

⑧ 5×2 ■　　　●

⑨ 5×4 ■　　　●

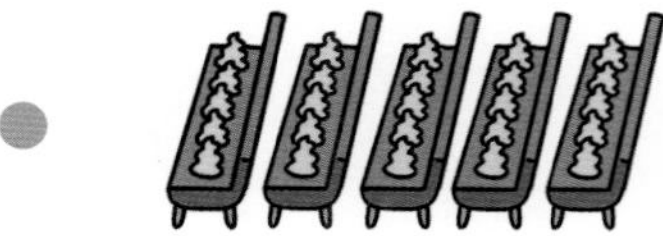

⑩ 5×5 ■　　　●

こたえは 67 ページ

できた分の色をぬって，1 ページにシールをはろう。

3のだんと 4のだん❶

学習日 月 日

● 3のだんの　九九を　おぼえましょう。

① 3×1＝□
さん いち が さん

3×2＝6
さん に が ろく

② 3×3＝□
さ ざん が く

③ 3×4＝□
さん し じゅうに

3×5＝15
さん ご じゅうご

④ 3×6＝□
さぶ ろく じゅうはち

3×7＝21
さん しち にじゅういち

3×8＝24
さん ぱ にじゅうし

⑤ 3×9＝□
さん く にじゅうしち

うらも　やろう

● 4のだんの　九九を　おぼえましょう。

$4 \times 1 = 4$
し　いち　が　し

$4 \times 2 = 8$
し　に　が　はち

6 $4 \times 3 =$ □
し　さん　じゅうに

7 $4 \times 4 =$ □
し　し　じゅうろく

8 $4 \times 5 =$ □
し　ご　にじゅう

$4 \times 6 = 24$
し　ろく　にじゅうし

9 $4 \times 7 =$ □
し　しち　にじゅうはち

10 $4 \times 8 =$ □
し　は　さんじゅうに

$4 \times 9 = 36$
し　く　さんじゅうろく

こたえは 67 ページ

できた分の色をぬって，１ページにシールをはろう。

7 日目

3のだんと 4のだん❷

学習日 月 日

● 計算を しましょう。

● 声に 出して 読んでから もんだいを ときましょう。

5 1日に 3ページずつ うんこの 本を 読みます。4日で，何ページ 読む ことが できますか。

しき

答え ＿＿＿＿＿＿

うらも やろう

● 計算を　しましょう。

6 3×1

7 3×8

8 3×5

9 3×4

● 声に　出して　読んでから　もんだいを　ときましょう。

10 うんこを　3こずつ　もった　せん手が，7人　走って　います。うんこは　ぜんぶで　何こ　ありますか。

しき

答え ______________

こたえは 68 ページ

できた分の色をぬって，1ページにシールをはろう。

3のだんと 4のだん❸

学習日

月　日

● 計算を　しましょう。

① 3×6

② 3×3

③ 3×7

④ 3×5

● 声に　出して　読んでから　もんだいを　ときましょう。

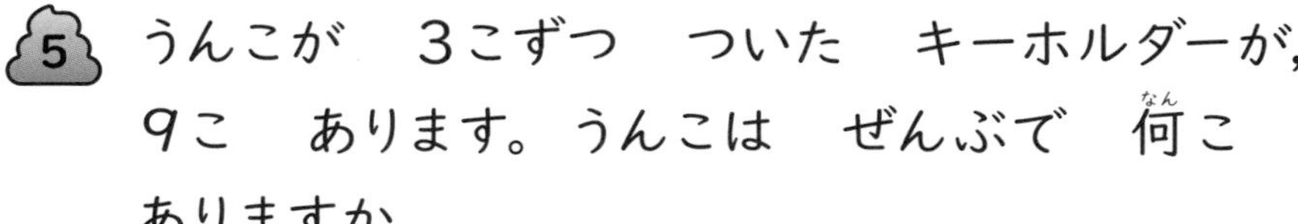

⑤ うんこが　3こずつ　ついた　キーホルダーが，9こ　あります。うんこは　ぜんぶで　何こ　ありますか。

しき

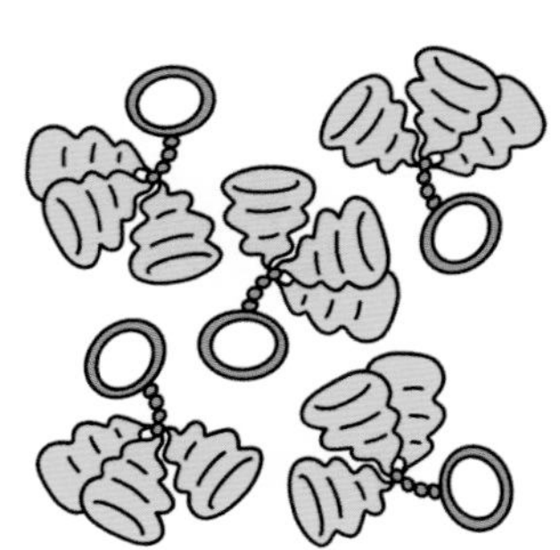

答え ＿＿＿＿＿＿＿＿

うらも　やろう

● 絵を　見て，うんこの　数を　もとめる
3のだんの　かけ算の　しきに　あらわしましょう。

6  〔　　　〕

7  〔　　　〕

8  〔　　　〕

9 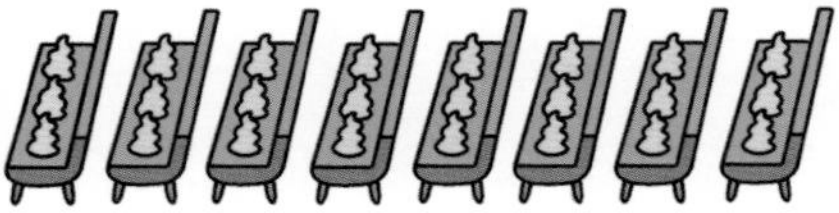 〔　　　〕

10  〔　　　〕

こたえは 68 ページ

できた分の色をぬって，1ページにシールをはろう。

3のだんと 4のだん❹

学習日

月　日

● 計算を　しましょう。

① 4×4

② 4×8

③ 4×1

④ 4×5

● 声に　出して　読んでから　もんだいを　ときましょう。

⑤ おじいちゃんは　うんこを　1回　するのに
コーラを　4本　のみます。うんこを　3回
しました。コーラを　何本　のみましたか。

しき

答え ＿＿＿＿＿＿＿＿＿＿

うらも　やろう

● 計算を　しましょう。

⑥ 4×2

⑦ 4×7

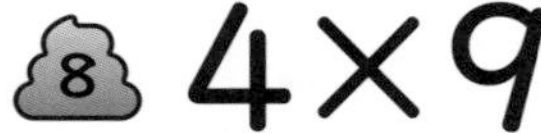
⑧ 4×9

⑨ 4×3

● 声に　出して　読んでから　もんだいを　ときましょう。

⑩ かべの　スイッチを　1回　おすと，4この　うんこが　とんで　きます。6回　おすと，うんこは　何こ　とんで　きますか。

しき

答え ＿＿＿＿＿＿＿＿

こたえは 69 ページ

できた分の色をぬって，1ページにシールをはろう。

10
日目

3のだんと 4のだん⑤

学習日 月 日

● 計算を　しましょう。

1 4×5

2 4×2

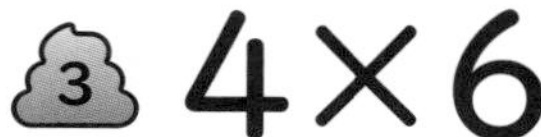
3 4×6

4 4×7

● 声に　出して　読んでから　もんだいを　ときましょう。

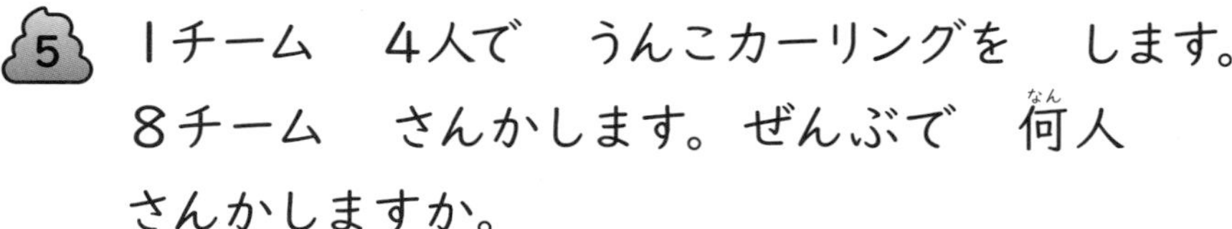
5 1チーム　4人で　うんこカーリングを　します。
8チーム　さんかします。ぜんぶで　何人
さんかしますか。

しき

答え ____________

うらも　やろう

● 答(こた)えが　同(おな)じに　なるように，■(しかく)と　●(まる)を　線(せん)で　むすびましょう。

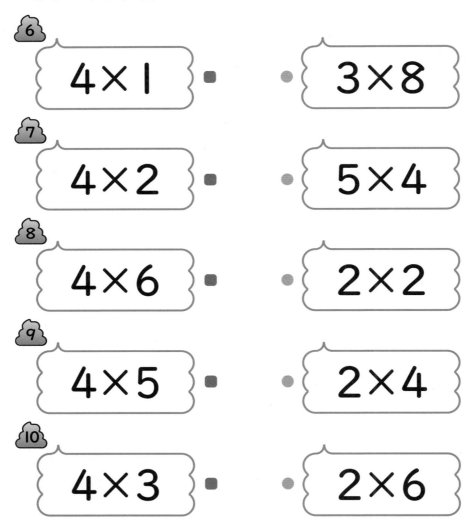

6

4×1 ■　　● 3×8

7

4×2 ■　　● 5×4

8

4×6 ■　　● 2×2

9

4×5 ■　　● 2×4

10

4×3 ■　　● 2×6

こたえは 69 ページ

できた分(ぶん)の色(いろ)をぬって，1 ページにシールをはろう。

まとめ❶

● 計算を　しましょう。

 2×6

 5×1

 3×4

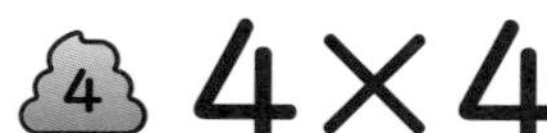 4×4

● 声に　出して　読んでから　もんだいを　ときましょう。

5 うんこ　1こに，2回ずつ　おじぎを　します。
うんこが　5こでは，何回　おじぎを　する
ことに　なりますか。

しき

答え

うらも　やろう

● 計算を　しましょう。

6 3×2

7 4×9

8 5×8

9 2×9

● 声に　出して　読んでから　もんだいを　ときましょう。

10 校ていを　1しゅう　走ると　うんこを　3こ　もらえます。8しゅう　走ると　うんこは　何こ　もらえますか。

しき

答え ______________________

こたえは 70 ページ

できた分の色をぬって，1ページにシールをはろう。

6のだんと7のだん❶

学習日（がくしゅうび）　月（がつ）　日（にち）

● 6のだんの　九九を　おぼえましょう。

① $6 \times 1 =$ □
ろく　いち　が　ろく

② $6 \times 2 =$ □
ろく　に　じゅうに

$6 \times 3 = 18$
ろく　さん　じゅうはち

$6 \times 4 = 24$
ろく　し　にじゅうし

③ $6 \times 5 =$ □
ろく　ご　さんじゅう

④ $6 \times 6 =$ □
ろく　ろく　さんじゅうろく

$6 \times 7 = 42$
ろく　しち　しじゅうに

⑤ $6 \times 8 =$ □
ろく　は　しじゅうはち

$6 \times 9 = 54$
ろっ　く　ごじゅうし

うらも　やろう

● 7のだんの　九九を　おぼえましょう。

⑥ 7×1＝□
しち　いち　が　しち

7×2＝14
しち　に　じゅうし

⑦ 7×3＝□
しち　さん　にじゅういち

7×4＝28
しち　し　にじゅうはち

⑧ 7×5＝□
しち　ご　さんじゅうご

⑨ 7×6＝□
しち　ろく　しじゅうに

7×7＝49
しち　しち　しじゅうく

⑩ 7×8＝□
しち　は　ごじゅうろく

7×9＝63
しち　く　ろくじゅうさん

こたえは 70 ページ

できた分の色をぬって，1ページにシールをはろう。

6のだんと7のだん❷

学習日　月　日

● 計算を　しましょう。

① 6×3

② 6×6

③ 6×4

④ 6×1

● 声に　出して　読んでから　もんだいを　ときましょう。

⑤ かたい　うんこ　1こを　わる　ために
6回　たたく　ひつようが　あります。かたい
うんこ　5こを　わる　ためには，ぜんぶで
何回　たたく　ひつようが　ありますか。

しき

答え ____________________

うらも　やろう

● 計算を　しましょう。

⑥ 6×2

⑦ 6×7

⑧ 6×9

⑨ 6×5

● 声に　出して　読んでから　もんだいを　ときましょう。

⑩ 1チーム　6人で　うんこバレーボールを　します。8チーム　さんかします。ぜんぶで　何人　さんかしますか。

しき

答え ＿＿＿＿＿＿＿＿＿＿

こたえは 71 ページ

できた分の色をぬって，1ページにシールをはろう。

6のだんと7のだん❸

学習日
月　日

● 計算を　しましょう。

● 声に　出して　読んでから　もんだいを　ときましょう。

⑤ 1まいの　しゃしんに　6この　うんこが　うつって　います。しゃしん　2まいでは，何この　うんこが　うつって　いますか。

しき

答え ＿＿＿＿＿＿＿＿

うらも　やろう

● 答(こた)えが　同(おな)じに　なるように，■(しかく)と　●(まる)を　線(せん)で　むすびましょう。

6

6×1 ■ ● 2×3

7

6×3 ■ ● 3×8

8

6×5 ■ ● 4×3

9

6×4 ■ ● 2×9

10

6×2 ■ ● 5×6

こたえは 71 ページ

できた分(ぶん)の色(いろ)をぬって，1 ページにシールをはろう。

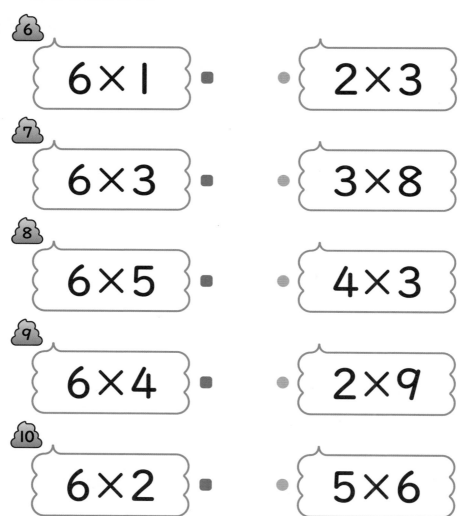

6のだんと 7のだん❹

学習日 月 日

● 計算を しましょう。

① 7×3　② 7×8

③ 7×1　④ 7×4

● 声に 出して 読んでから もんだいを ときましょう。

⑤ 1ページに 7この うんこの 絵を かきます。5ページまで かきました。うんこの 絵は ぜんぶで 何こ かきましたか。

しき

答え ＿＿＿＿＿＿

うらも やろう

● 計算を　しましょう。

⑥ 7×6

⑦ 7×5

⑧ 7×2

⑨ 7×7

● 声に　出して　読んでから　もんだいを　ときましょう。

⑩ うんこ　1こを　7回　ゆっくりと　なでます。
うんこ　9こでは，ぜんぶで　何回　なでる
ことに　なりますか。

しき

答え ＿＿＿＿＿＿＿＿＿＿

こたえは 72 ページ

できた分の色をぬって，1ページにシールをはろう。

6のだんと 7のだん⑤

学習日　月　日

● 計算を　しましょう。

● 声に　出して　読んでから　もんだいを　ときましょう。

5 教室の　虫かごに　7ひきの　ウンコムシが いました。朝　見て　みると，3ばいに ふえて　いました。ウンコムシは　何びきに なりましたか。

しき

答え ＿＿＿＿＿＿＿＿

うらも　やろう

● 7のだんの　かけ算(ざん)の　しきに　あらわせる　ものに　○，あらわせない　ものに　×を　書(か)きましょう。

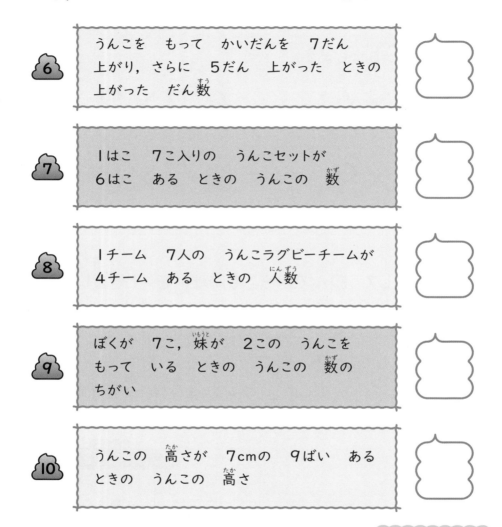

6　うんこを　もって　かいだんを　7だん　上がり，さらに　5だん　上がった　ときの　上がった　だん数(すう)

7　1はこ　7こ入りの　うんこセットが　6はこ　ある　ときの　うんこの　数(かず)

8　1チーム　7人の　うんこラグビーチームが　4チーム　ある　ときの　人数(にんずう)

9　ぼくが　7こ，妹(いもうと)が　2この　うんこを　もって　いる　ときの　うんこの　数(かず)の　ちがい

10　うんこの　高(たか)さが　7cmの　9ばい　ある　ときの　うんこの　高(たか)さ

こたえは 72 ページ

できた分(ぶん)の色(いろ)をぬって，1ページにシールをはろう。

8のだんと 9のだん❶

学習日　月　日

● 8のだんの　九九を　おぼえましょう。

8×1＝8
はち　いち　が　はち

① 8×2＝□
はち　に　じゅうろく

8×3＝24
はち　さん　にじゅうし

② 8×4＝□
はち　し　さんじゅうに

8×5＝40
はち　ご　しじゅう

③ 8×6＝□
はち　ろく　しじゅうはち

8×7＝56
はち　しち　ごじゅうろく

④ 8×8＝□
はっ　ぱ　ろくじゅうし

⑤ 8×9＝□
はっ　く　しちじゅうに

うらも　やろう

● 9 のだんの　九九を　おぼえましょう。

6 $9 \times 1 =$ □

く　いち　が　く

$9 \times 2 = 18$

く　に　じゅうはち

7 $9 \times 3 =$ □

く　さん　にじゅうしち

$9 \times 4 = 36$

く　し　さんじゅうろく

8 $9 \times 5 =$ □

く　ご　しじゅうご

$9 \times 6 = 54$

く　ろく　ごじゅうし

9 $9 \times 7 =$ □

く　しち　ろくじゅうさん

$9 \times 8 = 72$

く　は　しちじゅうに

10 $9 \times 9 =$ □

く　く　はちじゅういち

こたえは 73 ページ

できた分の色をぬって，1 ページにシールをはろう。

18 日目

8のだんと 9のだん❷

学習日 月 日

● 計算を　しましょう。

① 8×2

② 8×3

③ 8×6

④ 8×5

● 声に　出して　読んでから　もんだいを　ときましょう。

⑤ うんこを　８こずつ　かかえた　おじさんが ４人　います。うんこは　ぜんぶで　何こ ありますか。

しき

答え ＿＿＿＿＿＿＿＿

うらも　やろう

● 計算を　しましょう。

⑥ 8×8

⑦ 8×1

⑧ 8×4

⑨ 8×9

● 声に　出して　読んでから　もんだいを　ときましょう。

⑩ スイッチを　1回　おすと，うんこ学園の校歌が　8回　ながれます。7回　おすと，うんこ学園の　校歌は　何回　ながれますか。

しき

答え ＿＿＿＿＿＿＿＿

こたえは 73 ページ

できた分の色をぬって，1ページにシールをはろう。

8のだんと9のだん❸

学習日　　月　　日

● 計算を　しましょう。

● 声に　出して　読んでから　もんだいを　ときましょう。

5 ぼくの　うんこ　1こに　8頭の　ゴリラが あつまりました。うんこは　2こ　あります。ゴリラは　何頭　あつまりましたか。

しき

答え ______________

うらも　やろう

● 答(こた)えが　同(おな)じに　なるように，■(しかく)と　●(まる)を　線(せん)で むすびましょう。

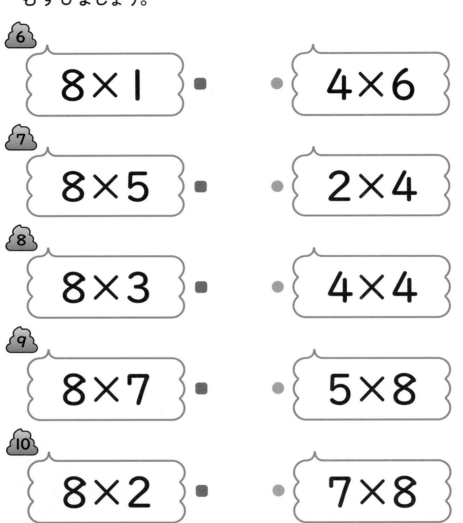

6

8×1 ■　　● 4×6

7

8×5 ■　　● 2×4

8

8×3 ■　　● 4×4

9

8×7 ■　　● 5×8

10

8×2 ■　　● 7×8

こたえは 74 ページ

できた分(ぶん)の色(いろ)をぬって，1 ページにシールをはろう。

8のだんと 9のだん❹

学習日　月　日

● 計算を　しましょう。

● 声に　出して　読んでから　もんだいを　ときましょう。

5 うんこを　9こずつ　5人の　友だちに
プレゼントします。プレゼントする　うんこは
ぜんぶで　何こですか。

しき

答え ＿＿＿＿＿＿＿＿

うらも　やろう

● 計算を　しましょう。

● 声に　出して　読んでから　もんだいを　ときましょう。

10 1チーム　9人で　うんこソフトボールを
します。8チーム　さんかします。ぜんぶで
何人　さんかしますか。

しき

答え ＿＿＿＿＿＿＿＿＿＿

こたえは 74 ページ

できた分の色をぬって，1ページにシールをはろう。

8のだんと 9のだん❺

学習日

月　日

● 計算を　しましょう。

● 声に　出して　読んでから　もんだいを　ときましょう。

5 1この　うんこに　9本の　えんぴつが　ささって　います。うんこは　3こ　あります。ささって　いる　えんぴつは　ぜんぶで　何本ですか。

しき

答え ＿＿＿＿＿＿＿＿

うらも　やろう

● 答えが　同じに　なるように，■と　●を　線で　むすびましょう。

6

9×3 ■　　　● 45

7

9×5 ■　　　● 54

8

9×2 ■　　　● 27

9

9×6 ■　　　● 72

10

9×8 ■　　　● 18

こたえは 75 ページ

できた分の色をぬって，1ページにシールをはろう。

22 日目

学習日　　月　　日

まとめ❷

● 計算を　しましょう。

① 7×2

② 6×6

③ 9×2

④ 8×8

● 声に　出して　読んでから　もんだいを　ときましょう。

⑤ 長さが　7cmの　うんこを　6こ　つなぎ合わせました。つなぎ合わせた　うんこの長さは　何cmですか。

しき

答え ＿＿＿＿＿＿＿＿

うらも　やろう

● 計算を　しましょう。

⑥ 8×5　　⑦ 9×3

⑧ 6×3　　⑨ 7×9

● 声に　出して　読んでから　もんだいを　ときましょう。

⑩ うんこを　9こずつ　かくしもった　にんじゃが　6人　います。うんこは　ぜんぶで　何こ　ありますか。

しき

答え ＿＿＿＿＿＿＿＿

こたえは 75 ページ

できた分の色をぬって，1ページにシールをはろう。

1のだん❶

学習日　月　日

● 1のだんの　九九を　おぼえましょう。

① $1 \times 1 =$ □
いん　いち　が　いち

$1 \times 2 = 2$
いん　に　が　に

$1 \times 3 = 3$
いん　さん　が　さん

$1 \times 4 = 4$
いん　し　が　し

$1 \times 5 = 5$
いん　ご　が　ご

② $1 \times 6 =$ □
いん　ろく　が　ろく

③ $1 \times 7 =$ □
いん　しち　が　しち

④ $1 \times 8 =$ □
いん　はち　が　はち

⑤ $1 \times 9 =$ □
いん　く　が　く

うらも　やろう

● 計算を　しましょう。

● 声に　出して　読んでから　もんだいを　ときましょう。

10 1この　うんこに　1人　すわる　ことが　できます。うんこは　5こ　あります。ぜんぶで　何人　すわる　ことが　できますか。

しき

答え ＿＿＿＿＿＿＿＿

こたえは 76 ページ

できた分の色をぬって，1ページにシールをはろう。

1のだん❷

学習日
月　日

● 計算を　しましょう。

① 1×7

② 1×3

③ 1×5

④ 1×2

● 声に　出して　読んでから　もんだいを　ときましょう。

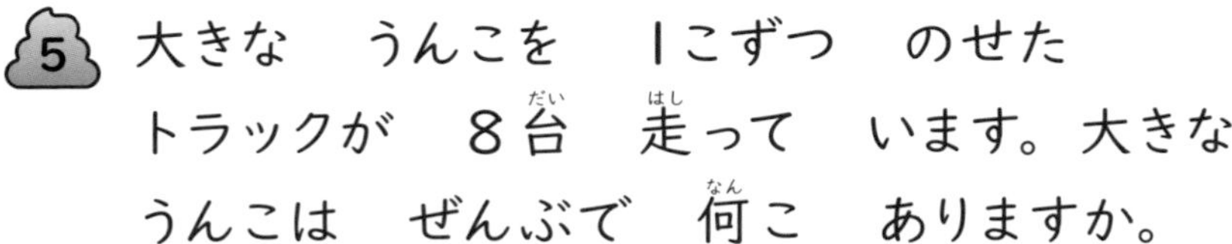
⑤ 大きな　うんこを　1こずつ　のせた
トラックが　8台　走って　います。大きな
うんこは　ぜんぶで　何こ　ありますか。

しき

答え ＿＿＿＿＿＿＿＿

うらも　やろう

● 計算を　しましょう。

● 声に　出して　読んでから　もんだいを　ときましょう。

10 1この　うんこに　リボンを　1こ　つけます。
うんこは　2こ　あります。リボンは
ぜんぶで　何こ　つけますか。

しき

答え ________________

こたえは 76 ページ

できた分の色をぬって，1ページにシールをはろう。

かけ算九九❶

学習日
月　日

● 計算を　しましょう。

● 声に　出して　読んでから　もんだいを　ときましょう。

5 高さが　3cmの　うんこが　あります。朝見て　みると，6ばいの　高さに　なっていました。うんこは　何cmに　なりましたか。

しき

答え ＿＿＿＿＿＿＿＿

うらも　やろう

● 計算を　しましょう。

6 5×4

7 3×7

8 1×2

9 9×6

● 声に　出して　読んでから　もんだいを　ときましょう。

10 1この　うんこに　シールを　4まい　はります。
うんこは　8こ　あります。シールは
ぜんぶで　何まい　はりますか。

しき

答え ＿＿＿＿＿＿＿＿

こたえは 77 ページ

できた分の色をぬって，1ページにシールをはろう。

かけ算九九❷

学習日 月 日

● 絵を 見て，答えが うんこの 数に なる 九九を すべて 書きましょう。

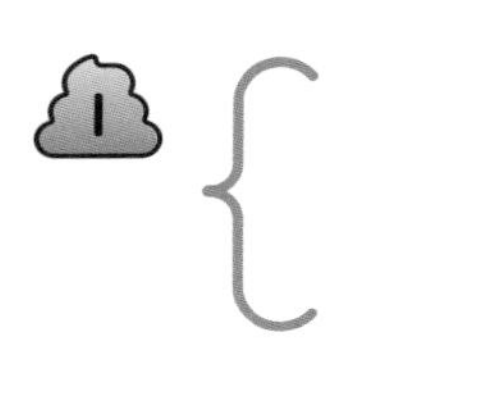

1 [ ]

2 [ ]

3 [ ]

4 [ ]

5 [ ]

● 計算を　しましょう。

7 3×8

9 9×5

● 声に　出して　読んでから　もんだいを　ときましょう。

10 うんこの　しゃしんを　8まいずつ，6人に
くばります。うんこの　しゃしんは　ぜんぶで
何まい　くばりますか。

しき

答え ____________________

こたえは 77 ページ

できた分の色をぬって，1ページにシールをはろう。

かけ算九九❸

学習日

月　日

● 計算を　しましょう。

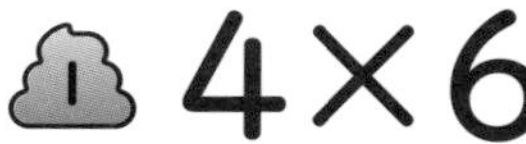

● 声に　出して　読んでから　もんだいを　ときましょう。

5 うんこを　6こずつ　かたに　のせた
おじさんが　7人　います。うんこは
ぜんぶで　何こ　ありますか。

しき

答え ＿＿＿＿＿＿＿＿

うらも　やろう

● 答(こた)えが　同(おな)じに　なるように，■(しかく)と　●(まる)を　線(せん)で　むすびましょう。

6

3×4 ■	● 2×9

7

8×3 ■	● 4×4

8

6×3 ■	● 2×6

9

2×8 ■	● 6×6

10

9×4 ■	● 6×4

こたえは 78 ページ

できた分(ぶん)の色(いろ)をぬって，1ページにシールをはろう。

かけ算九九④

学習日 月 日

● 計算を　しましょう。

① 6×7

② 2×5

③ 9×1

④ 8×2

● 声に　出して　読んでから　もんだいを　ときましょう。

⑤ 1この　大きな　うんこに　5人ずつ　すわる　ことが　できます。うんこは　3こ　あります。ぜんぶで　何人　すわる　ことが　できますか。

しき

答え ____________________

うらも　やろう

● 計算を　しましょう。

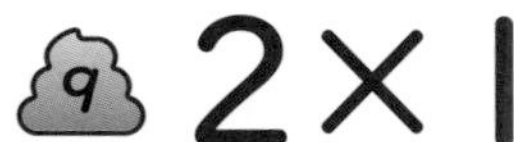

● 声に　出して　読んでから　もんだいを　ときましょう。

10 すごく　かたい　うんこ　1こを　わる　ために
9回　たたく　ひつようが　あります。この
うんこを　7こ　わる　ためには，ぜんぶで
何回　たたく　ひつようが　ありますか。

しき

答え ＿＿＿＿＿＿＿＿＿＿

こたえは 78 ページ

できた分の色をぬって，1ページにシールをはろう。

かけ算九九❺

● 計算を　しましょう。

● 声に　出して　読んでから　もんだいを　ときましょう。

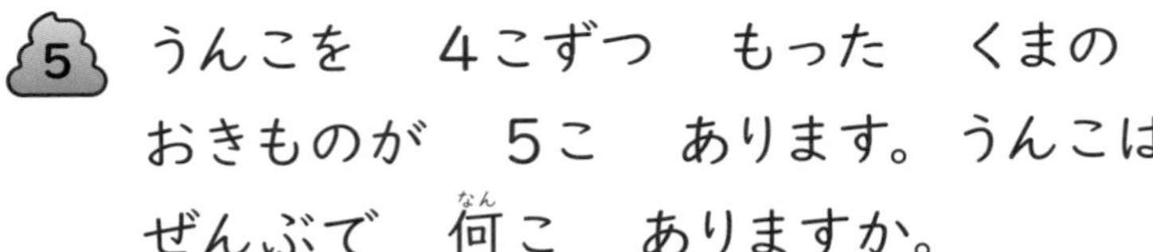

5 うんこを　4こずつ　もった　くまの
おきものが　5こ　あります。うんこは
ぜんぶで　何こ　ありますか。

しき

答え ＿＿＿＿＿＿＿＿

うらも　やろう

● うんこで　かくれて　いる　数を　書きましょう。

	かける数								
	1	**2**	**3**	**4**	**5**	**6**	**7**	**8**	**9**
かけられる数 **1**	1	2	3	4	5	6	7	8	9
2	2	4	6	8	10		14		
3	3	6	9		15		21		27
4	4	8			20		28	32	
5	5	10	15	20	25	30	35	40	45
6	6				30		42	48	54
7	7	14	21	28	35	42	49	56	63
8	8			32	40	48	56	64	72
9	9		27		45	54	63	72	81

こたえは 79 ページ

できた分の色をぬって，1 ページにシールをはろう。

30 日目

かけ算の　もんだい

学習日　月　日

● 4人の　うんこの　長さを　くらべます。

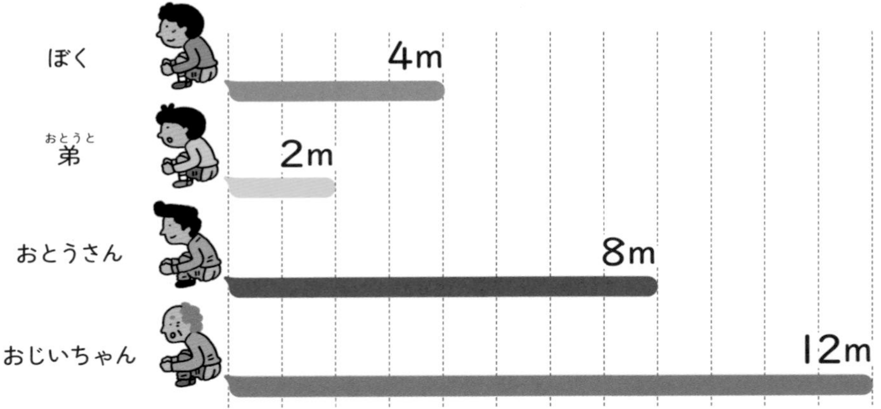

1 ぼくは，弟の　□　ばい。

2 おとうさんは，ぼくの　□　ばい。

3 おとうさんは，弟の　□　ばい。

4 おじいちゃんは，ぼくの　□　ばい。

5 ぼくの　5ばいは　□　m。

うらも　やろう

● はこに　入った　うんこの　数を考えます。■と　●を　線で　むすびましょう。

6

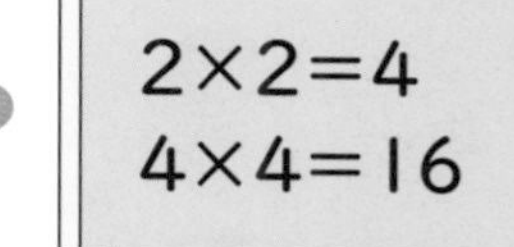

7

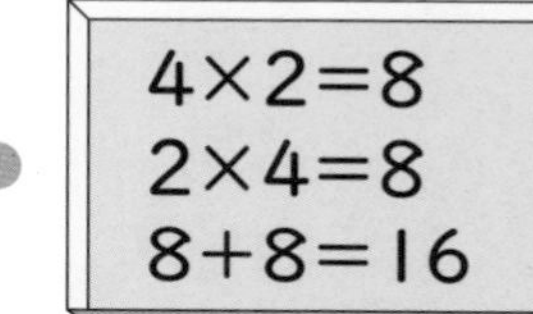

8

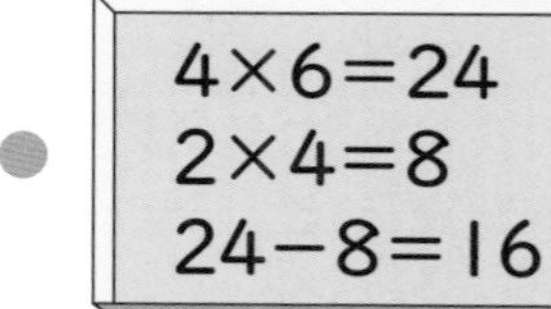

9

2×1=2
2×8=16

10

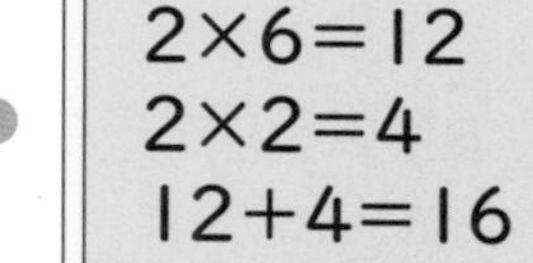

こたえは 79 ページ

できた分の色をぬって，1ページにシールをはろう。

こたえ

できた 分だけ 色を ぬろう。
まちがえた もんだいは もう いちど やろう。

1 日目 2のだんと 5のだん❶

学習日 月 日

● 2のだんの 九九を おぼえましょう。

1. 2×1＝2（に いち が に）
2×2＝4（に にん が し）
2. 2×3＝6（に さん が ろく）
2×4＝8（に し が はち）
3. 2×5＝10（に ご じゅう）
2×6＝12（に ろく じゅうに）
4. 2×7＝14（に しち じゅうし）
2×8＝16（に はち じゅうろく）
5. 2×9＝18（に く じゅうはち）

うらも やろう

1日目の つづき

● 5のだんの 九九を おぼえましょう。

5×1＝5（ご いち が ご）
6. 5×2＝10（ご に じゅう）
7. 5×3＝15（ご さん じゅうご）
5×4＝20（ご し にじゅう）
8. 5×5＝25（ご ご にじゅうご）
9. 5×6＝30（ご ろく さんじゅう）
5×7＝35（ご しち さんじゅうご）
10. 5×8＝40（ご は しじゅう）
5×9＝45（ごっ く しじゅうご）

こたえは 65 ページ

できた分の色をぬって、1ページにシールをはろう。

2 日目 2のだんと 5のだん❷

学習日 月 日

● 計算を しましょう。

1. 2×3＝6
2. 2×6＝12
3. 2×1＝2
4. 2×2＝4

● 声に 出して 読んでから もんだいを ときましょう。

5. うんこが 2こずつ 入った 虫かごが， 4こ あります。うんこは ぜんぶで 何こ ありますか。

しき 2×4＝8

答え 8こ

うらも やろう

2日目の つづき

● 計算を しましょう。

6. 2×7＝14
7. 2×5＝10
8. 2×9＝18
9. 2×8＝16

● 声に 出して 読んでから もんだいを ときましょう。

10. うんこを 2こずつ もった おじさんが 3人 います。うんこは ぜんぶで 何こ ありますか。

しき 2×3＝6

答え 6こ

こたえは 65 ページ

できた分の色をぬって、1ページにシールをはろう。

こたえ

2のだんと 5のだん❸

● 計算を しましょう。

① 2×4＝8　② 2×8＝16

③ 2×2＝4　④ 2×7＝14

● 声に 出して 読んでから もんだいを ときましょう。

⑤ 高さが 2cmの うんこを 6こ つみ上げました。つみ上げた うんこの 高さは 何cmですか。

しき 2×6＝12

答え 12cm

うらも やろう

3日目の つづき

● かけ算の しきと 絵が 合うように、■と ●を 線で むすびましょう。

⑥ 2×3

⑦ 2×1

⑧ 2×2

⑨ 2×5

⑩ 2×6

こたえは 66 ページ

できた分の色をぬって、1ページにシールをはろう。

2のだんと 5のだん❹

● 計算を しましょう。

① 5×3＝15　② 5×8＝40

③ 5×6＝30　④ 5×5＝25

● 声に 出して 読んでから もんだいを ときましょう。

⑤ ゆかの スイッチを 1回 ふむと、5この うんこが おちて きます。4回 ふむと、うんこは 何こ おちて きますか。

しき 5×4＝20

答え 20こ

うらも やろう

4日目の つづき

● 計算を しましょう。

⑥ 5×7＝35　⑦ 5×2＝10

⑧ 5×1＝5　⑨ 5×9＝45

● 声に 出して 読んでから もんだいを ときましょう。

⑩ おじいちゃんは うんこを 1回 するのに 「うんこ!」と 5回 さけびます。うんこを 2回 しました。「うんこ!」と 何回 さけびましたか。

しき 5×2＝10

答え 10回

こたえは 66 ページ

できた分の色をぬって、1ページにシールをはろう。

こたえ

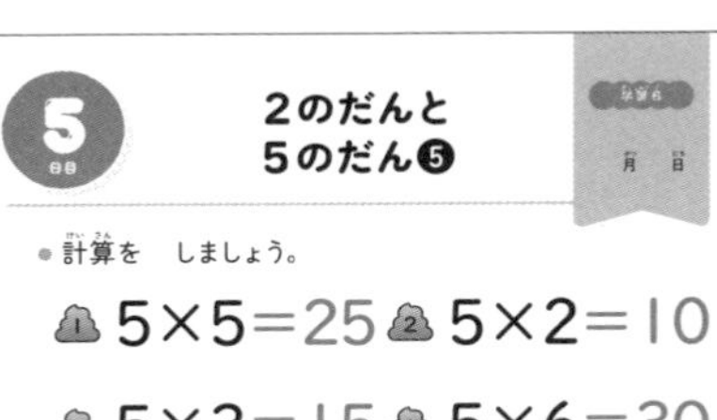

5 日目

2のだんと 5のだん❺

学習日 月 日

● 計算を しましょう。

① 5×5＝25 ② 5×2＝10

③ 5×3＝15 ④ 5×6＝30

● 声に 出して 読んでから もんだいを ときましょう。

⑤ うんこを 5こずつ 頭に のせた ピエロが 7人 います。うんこは ぜんぶで 何こ ありますか。

しき 5×7＝35

答え 35こ

うらも やろう

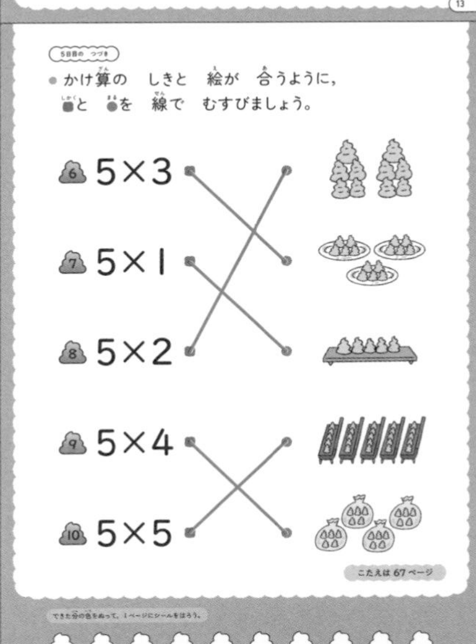

5日目の つづき

● かけ算の しきと 絵が 合うように、■と ●を 線で むすびましょう。

⑥ 5×3

⑦ 5×1

⑧ 5×2

⑨ 5×4

⑩ 5×5

こたえは 67 ページ

できた分の色をぬって、1ページにシールをはろう。

6 日目

3のだんと 4のだん❶

学習日 月 日

● 3 のだんの 九九を おぼえましょう。

	3×5＝15 さん ご じゅうご
① 3×1＝3 さん いち が さん	④ 3×6＝18 さぶ ろく じゅうはち
3×2＝6 さん に が ろく	3×7＝21 さん しち にじゅういち
② 3×3＝9 さ ざん が く	3×8＝24 さん ぱ にじゅうし
③ 3×4＝12 さん し じゅうに	⑤ 3×9＝27 さん く にじゅうしち

うらも やろう

6日目の つづき

● 4 のだんの 九九を おぼえましょう。

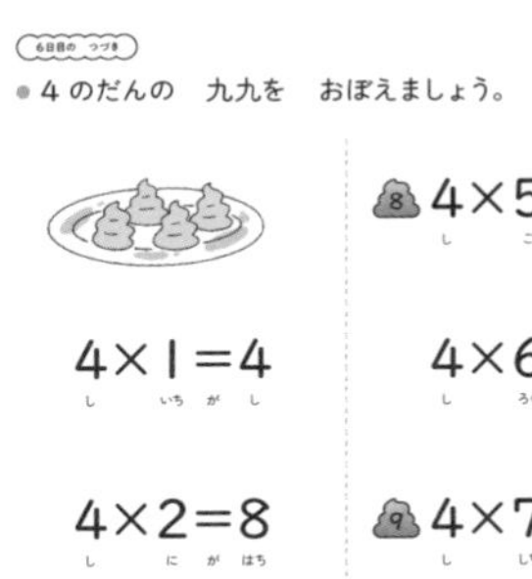

	⑧ 4×5＝20 し ご にじゅう
4×1＝4 し いち が し	4×6＝24 し ろく にじゅうし
4×2＝8 し に が はち	⑨ 4×7＝28 し しち にじゅうはち
⑥ 4×3＝12 し さん じゅうに	⑩ 4×8＝32 し は さんじゅうに
⑦ 4×4＝16 し し じゅうろく	4×9＝36 し く さんじゅうろく

こたえは 67 ページ

できた分の色をぬって、1ページにシールをはろう。

こたえ

3のだんと 4のだん❷

学習日 月 日

●計算を しましょう。

① 3×6＝18 ② 3×2＝6

③ 3×9＝27 ④ 3×3＝9

●声に 出して 読んでから もんだいを ときましょう。

⑤ 1日に 3ページずつ うんこの 本を 読みます。4日で，何ページ 読む ことが できますか。

しき 3×4＝12

答え 12ページ

うらも やろう

7日目の つづき

●計算を しましょう。

⑥ 3×1＝3 ⑦ 3×8＝24

⑧ 3×5＝15 ⑨ 3×4＝12

●声に 出して 読んでから もんだいを ときましょう。

⑩ うんこを 3こずつ もった せん手が，7人 走って います。うんこは ぜんぶで 何こ ありますか。

しき 3×7＝21

答え 21こ

こたえは 68 ページ

できた分の色をぬって，1ページにシールをはろう。

3のだんと 4のだん❸

学習日 月 日

●計算を しましょう。

① 3×6＝18 ② 3×3＝9

③ 3×7＝21 ④ 3×5＝15

●声に 出して 読んでから もんだいを ときましょう。

⑤ うんこが 3こずつ ついた キーホルダーが，9こ あります。うんこは ぜんぶで 何こ ありますか。

しき 3×9＝27

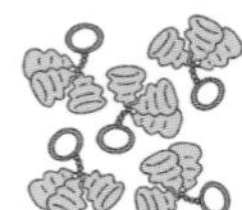

答え 27こ

うらも やろう

8日目の つづき

●絵を 見て，うんこの 数を もとめる 3のだんの かけ算の しきに あらわしましょう。

⑥ {3×2}

⑦ {3×4}

⑧ {3×5}

⑨ {3×8}

⑩ {3×3}

こたえは 68 ページ

できた分の色をぬって，1ページにシールをはろう。

こたえ

3のだんと 4のだん❹

- 計算を　しましょう。

1. 4×4＝16
2. 4×8＝32
3. 4×1＝4
4. 4×5＝20

- 声に　出して　読んでから　もんだいを　ときましょう。

5. おじいちゃんは　うんこを　1回　するのに　コーラを　4本　のみます。うんこを　3回　しました。コーラを　何本　のみましたか。

しき　4×3＝12

答え　12本

うらも　やろう

21

9日目の　つづき

- 計算を　しましょう。

6. 4×2＝8
7. 4×7＝28
8. 4×9＝36
9. 4×3＝12

- 声に　出して　読んでから　もんだいを　ときましょう。

10. かべの　スイッチを　1回　おすと，4この　うんこが　とんで　きます。6回　おすと，うんこは　何こ　とんで　きますか。

しき　4×6＝24

答え　24こ

こたえは 69 ページ

できた分の色をぬって、1ページにシールをはろう。

22

3のだんと 4のだん❺

- 計算を　しましょう。

1. 4×5＝20
2. 4×2＝8
3. 4×6＝24
4. 4×7＝28

- 声に　出して　読んでから　もんだいを　ときましょう。

5. 1チーム　4人で　うんこカーリングを　します。8チーム　さんかします。ぜんぶで　何人　さんかしますか。

しき　4×8＝32

答え　32人

うらも　やろう

23

10日目の　つづき

- 答えが　同じに　なるように，■と　●を　線で　むすびましょう。

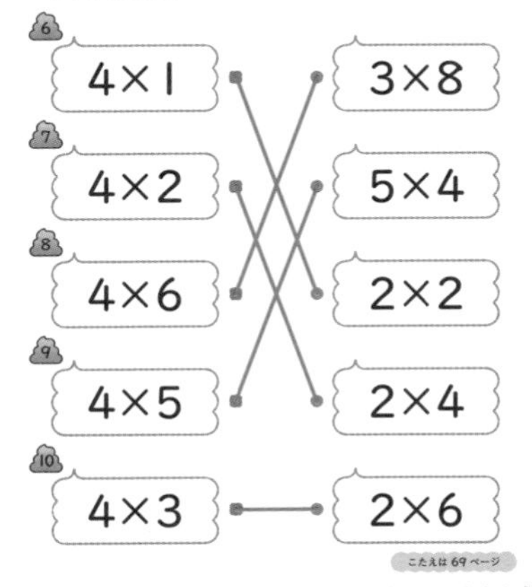

こたえは 69 ページ

できた分の色をぬって、1ページにシールをはろう。

24

こたえ

11 日目

まとめ❶

学習日　月　日

● 計算を　しましょう。

1　2×6＝12　2　5×1＝5

3　3×4＝12　4　4×4＝16

● 声に　出して　読んでから　もんだいを　ときましょう。

5　うんこ　1こに，2回ずつ　おじぎを　します。うんこが　5こでは，何回　おじぎを　する　ことに　なりますか。

しき　2×5＝10

答え　10回

うらも　やろう

25

11日目の　つづき

● 計算を　しましょう。

6　3×2＝6　7　4×9＝36

8　5×8＝40　9　2×9＝18

● 声に　出して　読んでから　もんだいを　ときましょう。

10　校ていを　1しゅう　走ると　うんこを　3こ　もらえます。8しゅう　走ると　うんこは　何こ　もらえますか。

しき　3×8＝24

答え　24こ

こたえは 70 ページ

できた分の色をぬって，1ページにシールをはろう。

26

12 日目

6のだんと　7のだん❶

学習日　月　日

● 6のだんの　九九を　おぼえましょう。

1　6×1＝6（ろく いち が ろく）

2　6×2＝12（ろく に じゅうに）

6×3＝18（ろく さん じゅうはち）

6×4＝24（ろく し にじゅうし）

3　6×5＝30（ろく ご さんじゅう）

4　6×6＝36（ろく ろく さんじゅうろく）

6×7＝42（ろく しち しじゅうに）

5　6×8＝48（ろく は しじゅうはち）

6×9＝54（ろっ く ごじゅうし）

うらも　やろう

27

12日目の　つづき

● 7のだんの　九九を　おぼえましょう。

6　7×1＝7（しち いち が しち）

7×2＝14（しち に じゅうし）

7　7×3＝21（しち さん にじゅういち）

7×4＝28（しち し にじゅうはち）

8　7×5＝35（しち ご さんじゅうご）

9　7×6＝42（しち ろく しじゅうに）

7×7＝49（しち しち しじゅうく）

10　7×8＝56（しち は ごじゅうろく）

7×9＝63（しち く ろくじゅうさん）

こたえは 70 ページ

できた分の色をぬって，1ページにシールをはろう。

28

こたえ

6のだんと 7のだん❷

● 計算を しましょう。

① 6×3＝18 ② 6×6＝36

③ 6×4＝24 ④ 6×1＝6

● 声に 出して 読んでから もんだいを ときましょう。

⑤ かたい うんこ 1こを わる ために 6回 たたく ひつようが あります。かたい うんこ 5こを わる ためには，ぜんぶで 何回 たたく ひつようが ありますか。

しき 6×5＝30

答え 30回

13日目の つづき

● 計算を しましょう。

⑥ 6×2＝12 ⑦ 6×7＝42

⑧ 6×9＝54 ⑨ 6×5＝30

● 声に 出して 読んでから もんだいを ときましょう。

⑩ 1チーム 6人で うんこバレーボールを します。8チーム さんかします。ぜんぶで 何人 さんかしますか。

しき 6×8＝48

答え 48人

こたえは 71 ページ

できた分の色をぬって，1ページにシールをはろう。

6のだんと 7のだん❸

● 計算を しましょう。

① 6×8＝48 ② 6×1＝6

③ 6×4＝24 ④ 6×9＝54

● 声に 出して 読んでから もんだいを ときましょう。

⑤ 1まいの しゃしんに 6この うんこが うつって います。しゃしん 2まいでは，何この うんこが うつって いますか。

しき 6×2＝12

答え 12こ

うらも やろう

14日目の つづき

● 答えが 同じに なるように，■と ●を 線で むすびましょう。

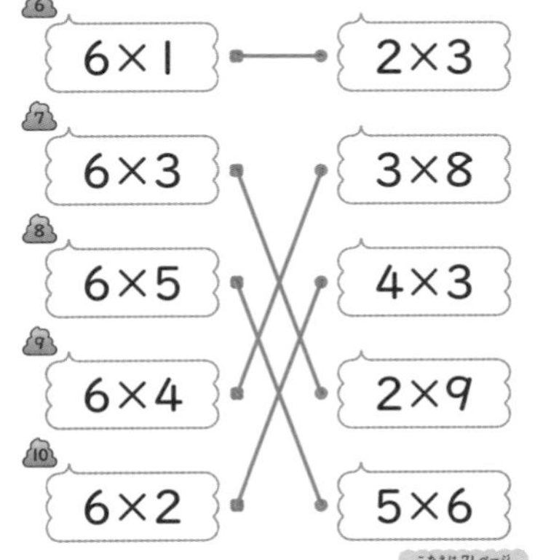

こたえは 71 ページ

できた分の色をぬって，1ページにシールをはろう。

こたえ

6のだんと 7のだん❹

月　日

●計算を　しましょう。

① 7×3＝21　② 7×8＝56

③ 7×1＝7　④ 7×4＝28

●声に 出して 読んでから もんだいを ときましょう。

⑤ 1ページに　7この　うんこの　絵を　かきます。5ページまで　かきました。うんこの　絵は　ぜんぶで　何こ　かきましたか。

しき 7×5＝35

答え 35こ

うらも やろう

15日目の つづき

●計算を　しましょう。

⑥ 7×6＝42　⑦ 7×5＝35

⑧ 7×2＝14　⑨ 7×7＝49

●声に 出して 読んでから もんだいを ときましょう。

⑩ うんこ　1こを　7回　ゆっくりと　なでます。うんこ　9こでは，ぜんぶで　何回　なでる　ことに　なりますか。

しき 7×9＝63

答え 63回

こたえは 72 ページ

できた分の色をぬって，1ページにシールをはろう。

6のだんと 7のだん❺

月　日

●計算を　しましょう。

① 7×4＝28　② 7×7＝49

③ 7×9＝63　④ 7×8＝56

●声に 出して 読んでから もんだいを ときましょう。

⑤ 教室の　虫かごに　7ひきの　ウンコムシが　いました。朝　見て　みると，3ばいに　ふえて　いました。ウンコムシは　何びきに　なりましたか。

しき 7×3＝21

答え 21ぴき

うらも やろう

16日目の つづき

●7のだんの　かけ算の　しきに　あらわせる　ものに　○，あらわせない　ものに　×を　書きましょう。

⑥ うんこを　もって　かいだんを　7だん　上がり，さらに　5だん　上がった　ときの　上がった　だん数　 ×

⑦ 1はこ　7こ入りの　うんこセットが　6はこ　ある　ときの　うんこの　数　 ○

⑧ 1チーム　7人の　うんこラグビーチームが　4チーム　ある　ときの　人数　 ○

⑨ ぼくが　7こ，妹が　2この　うんこを　もって　いる　ときの　うんこの　数の　ちがい　 ×

⑩ うんこの　高さが　7cmの　9ばい　ある　ときの　うんこの　高さ　 ○

こたえは 72 ページ

できた分の色をぬって，1ページにシールをはろう。

こたえ

17日目

8のだんと 9のだん❶

月　日

●8のだんの　九九を　おぼえましょう。

8×1=8（はち いち が はち）

①8×2=16（はち に じゅうろく）

8×3=24（はち さん にじゅうし）

②8×4=32（はち し さんじゅうに）

8×5=40（はち ご しじゅう）

③8×6=48（はち ろく しじゅうはち）

8×7=56（はち しち ごじゅうろく）

④8×8=64（はっ ぱ ろくじゅうし）

⑤8×9=72（はっ く しちじゅうに）

うらも やろう

17日目の つづき

●9のだんの　九九を　おぼえましょう。

⑥9×1=9（く いち が く）

9×2=18（く に じゅうはち）

⑦9×3=27（く さん にじゅうしち）

9×4=36（く し さんじゅうろく）

⑧9×5=45（く ご しじゅうご）

9×6=54（く ろく ごじゅうし）

⑨9×7=63（く しち ろくじゅうさん）

9×8=72（く は しちじゅうに）

⑩9×9=81（く く はちじゅういち）

こたえは 73 ページ

できた分の色をぬって，1ページにシールをはろう。

18日目

8のだんと 9のだん❷

月　日

●計算を　しましょう。

①8×2=16　②8×3=24

③8×6=48　④8×5=40

●声に　出して　読んでから　もんだいを　ときましょう。

⑤うんこを　8こずつ　かかえた　おじさんが　4人　います。うんこは　ぜんぶで　何こ　ありますか。

しき 8×4=32

答え 32こ

うらも やろう

18日目の つづき

●計算を　しましょう。

⑥8×8=64　⑦8×1=8

⑧8×4=32　⑨8×9=72

●声に　出して　読んでから　もんだいを　ときましょう。

⑩スイッチを　1回　おすと，うんこ学園の　校歌が　8回　ながれます。7回　おすと，うんこ学園の　校歌は　何回　ながれますか。

しき 8×7=56

答え 56回

こたえは 73 ページ

できた分の色をぬって，1ページにシールをはろう。

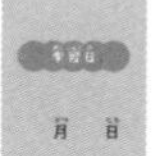
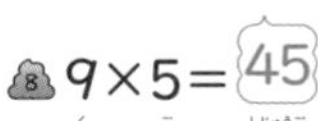
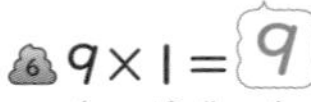

こたえ

8のだんと 9のだん❸

学習日　月　日

●計算を　しましょう。

① 8×6=48　② 8×3=24

③ 8×7=56　④ 8×1=8

●声に　出して　読んでから　もんだいを　ときましょう。

⑤ ぼくの　うんこ　1こに　8頭の　ゴリラが あつまりました。うんこは　2こ　あります。 ゴリラは　何頭　あつまりましたか。

しき 8×2=16

答え 16頭

うらも　やろう

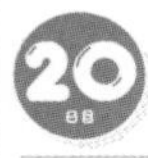

8のだんと 9のだん❹

学習日　月　日

●計算を　しましょう。

① 9×3=27　② 9×4=36

③ 9×6=54　④ 9×1=9

●声に　出して　読んでから　もんだいを　ときましょう。

⑤ うんこを　9こずつ　5人の　友だちに プレゼントします。プレゼントする　うんこは ぜんぶで　何こですか。

しき 9×5=45

答え 45こ

うらも　やろう

19日目の　つづき

●答えが　同じに　なるように，■と　●を　線で むすびましょう。

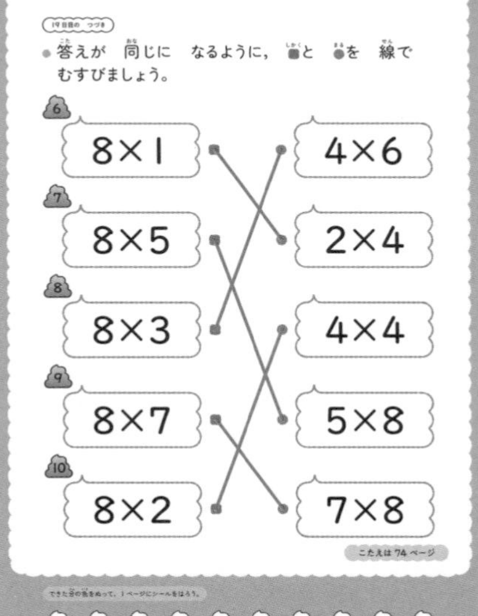

こたえは 74 ページ

できた分の色をぬって、1ページにシールをはろう。

20日目の　つづき

●計算を　しましょう。

⑥ 9×2=18　⑦ 9×7=63

⑧ 9×5=45　⑨ 9×9=81

●声に　出して　読んでから　もんだいを　ときましょう。

⑩ 1チーム　9人で　うんこソフトボールを します。8チーム　さんかします。ぜんぶで 何人　さんかしますか。

しき 9×8=72

答え 72人

こたえは 74 ページ

できた分の色をぬって、1ページにシールをはろう。

こたえ

8のだんと9のだん❺

●計算を　しましょう。

①9×2＝18　②9×7＝63

③9×4＝36　④9×8＝72

●声に　出して　読んでから　もんだいを　ときましょう。

⑤1この　うんこに　9本の　えんぴつが　ささって　います。うんこは　3こ　あります。ささって　いる　えんぴつは　ぜんぶで　何本ですか。

しき　9×3＝27

答え　27本

うらも　やろう

21日目の　つづき

●答えが　同じに　なるように，■と　●を　線で　むすびましょう。

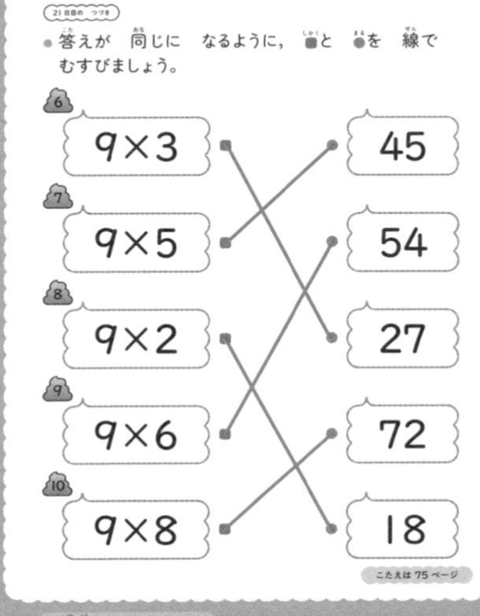

⑥	9×3	27
⑦	9×5	45
⑧	9×2	18
⑨	9×6	54
⑩	9×8	72

こたえは 75 ページ

できた分の色をぬって，1ページにシールをはろう。

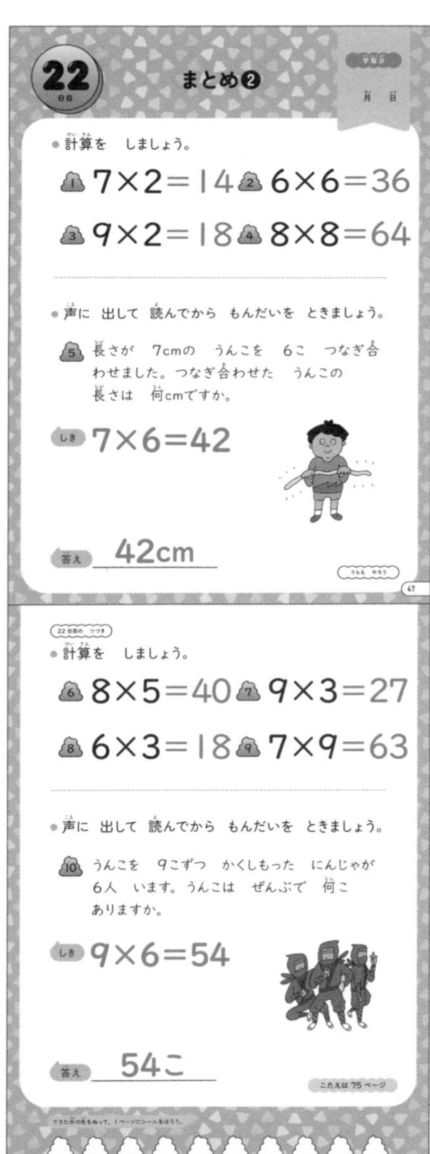

22日目　まとめ❷

学習日　月　日

●計算を　しましょう。

①7×2＝14　②6×6＝36

③9×2＝18　④8×8＝64

●声に　出して　読んでから　もんだいを　ときましょう。

⑤長さが　7cmの　うんこを　6こ　つなぎ合わせました。つなぎ合わせた　うんこの　長さは　何cmですか。

しき　7×6＝42

答え　42cm

うらも　やろう

22日目の　つづき

●計算を　しましょう。

⑥8×5＝40　⑦9×3＝27

⑧6×3＝18　⑨7×9＝63

●声に　出して　読んでから　もんだいを　ときましょう。

⑩うんこを　9こずつ　かくしもった　にんじゃが　6人　います。うんこは　ぜんぶで　何こ　ありますか。

しき　9×6＝54

答え　54こ

こたえは 75 ページ

できた分の色をぬって，1ページにシールをはろう。

こたえ

1のだん❶

学習日　月　日

● 1のだんの　九九を　おぼえましょう。

1×5=5
いん　ご　が　ご

1×2=2
いん　に　が　に

1×3=3
いん　さん　が　さん

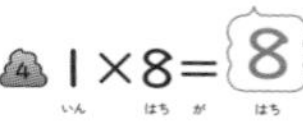

1×4=4
いん　し　が　し

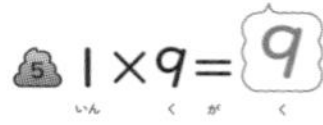

1×1=1 (いん　いち　が　いち)
1×6=6 (いん　ろく　が　ろく)
1×7=7 (いん　しち　が　しち)
1×8=8 (いん　はち　が　はち)
1×9=9 (いん　く　が　く)

うらも　やろう

23日目の　つづき

● 計算を　しましょう。

6 1×1=1　7 1×6=6

8 1×4=4　9 1×9=9

● 声に　出して　読んでから　もんだいを　ときましょう。

10 1この　うんこに　1人　すわる　ことが
できます。うんこは　5こ　あります。
ぜんぶで　何人　すわる　ことが　できますか。

しき　1×5=5

答え　5人

こたえは 76 ページ

できた分の色をぬって、1ページにシールをはろう。

1のだん❷

学習日　月　日

● 計算を　しましょう。

1 1×7=7　2 1×3=3

3 1×5=5　4 1×2=2

● 声に　出して　読んでから　もんだいを　ときましょう。

5 大きな　うんこを　1こずつ　のせた
トラックが　8台　走って　います。大きな
うんこは　ぜんぶで　何こ　ありますか。

しき　1×8=8

答え　8こ

うらも　やろう

24日目の　つづき

● 計算を　しましょう。

6 1×3=3　7 1×8=8

8 1×1=1　9 1×9=9

● 声に　出して　読んでから　もんだいを　ときましょう。

10 1この　うんこに　リボンを　1こ　つけます。
うんこは　2こ　あります。リボンは
ぜんぶで　何こ　つけますか。

しき　1×2=2

答え　2こ

こたえは 76 ページ

できた分の色をぬって、1ページにシールをはろう。

こたえ

かけ算九九❶

●計算を　しましょう。

1 2×4=8　2 7×5=35

3 4×3=12　4 8×9=72

●声に　出して　読んでから　もんだいを　ときましょう。

5 高さが　3cmの　うんこが　あります。朝　見て　みると，6ばいの　高さに　なって　いました。うんこは　何cmに　なりましたか。

しき 3×6=18

答え 18cm

うらも　やろう

25日目の　つづき

●計算を　しましょう。

6 5×4=20　7 3×7=21

8 1×2=2　9 9×6=54

●声に　出して　読んでから　もんだいを　ときましょう。

10 1この　うんこに　シールを　4まい　はります。うんこは　8こ　あります。シールは　ぜんぶで　何まい　はりますか。

しき 4×8=32

答え 32まい

こたえは 77 ページ

できた分の色をぬって，1ページにシールをはろう。

かけ算九九❷

●絵を　見て，答えが　うんこの　数に　なる　九九を　すべて　書きましょう。

1 {2×7}

2 {7×2}

3 {4×9}

4 {6×6}

5 {9×4}

うらも　やろう

26日目の　つづき

●計算を　しましょう。

6 7×1=7　7 3×8=24

8 2×3=6　9 9×5=45

●声に　出して　読んでから　もんだいを　ときましょう。

10 うんこの　しゃしんを　8まいずつ，6人に　くばります。うんこの　しゃしんは　ぜんぶで　何まい　くばりますか。

しき 8×6=48

答え 48まい

こたえは 77 ページ

できた分の色をぬって，1ページにシールをはろう。

こたえ

27日目 かけ算九九❸

月　日

● 計算を　しましょう。

1. 4×6＝24
2. 5×2＝10
3. 8×4＝32
4. 1×8＝8

● 声に　出して　読んでから　もんだいを　ときましょう。

5. うんこを　6こずつ　かたに　のせた　おじさんが　7人　います。うんこは　ぜんぶで　何こ　ありますか。

しき　6×7＝42

答え　42こ

うらも　やろう

27日目の　つづき

● 答えが　同じに　なるように，■と　●を　線で　むすびましょう。

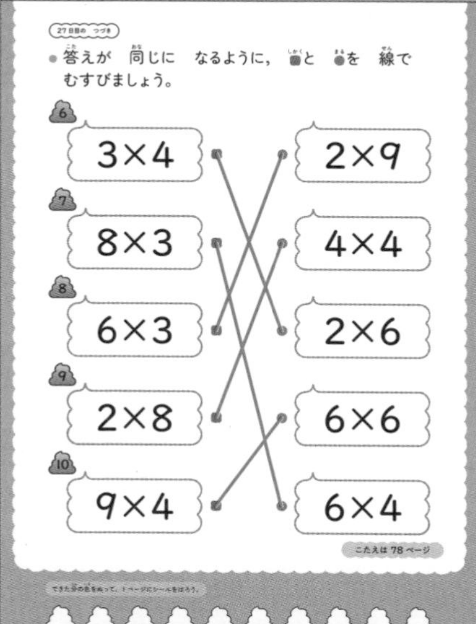

こたえは 78 ページ

できた分の色をぬって，1ページにシールをはろう。

28日目 かけ算九九❹

月　日

● 計算を　しましょう。

1. 6×7＝42
2. 2×5＝10
3. 9×1＝9
4. 8×2＝16

● 声に　出して　読んでから　もんだいを　ときましょう。

5. 1この　大きな　うんこに　5人ずつ　すわる　ことが　できます。うんこは　3こ　あります。ぜんぶで　何人　すわる　ことが　できますか。

しき　5×3＝15

答え　15人

うらも　やろう

28日目の　つづき

● 計算を　しましょう。

6. 7×3＝21
7. 5×9＝45
8. 1×4＝4
9. 2×1＝2

● 声に　出して　読んでから　もんだいを　ときましょう。

10. すごく　かたい　うんこ　1こを　わる　ために　9回　たたく　ひつようが　あります。この　うんこを　7こ　わる　ためには，ぜんぶで　何回　たたく　ひつようが　ありますか。

しき　9×7＝63

答え　63回

こたえは 78 ページ

できた分の色をぬって，1ページにシールをはろう。

こたえ

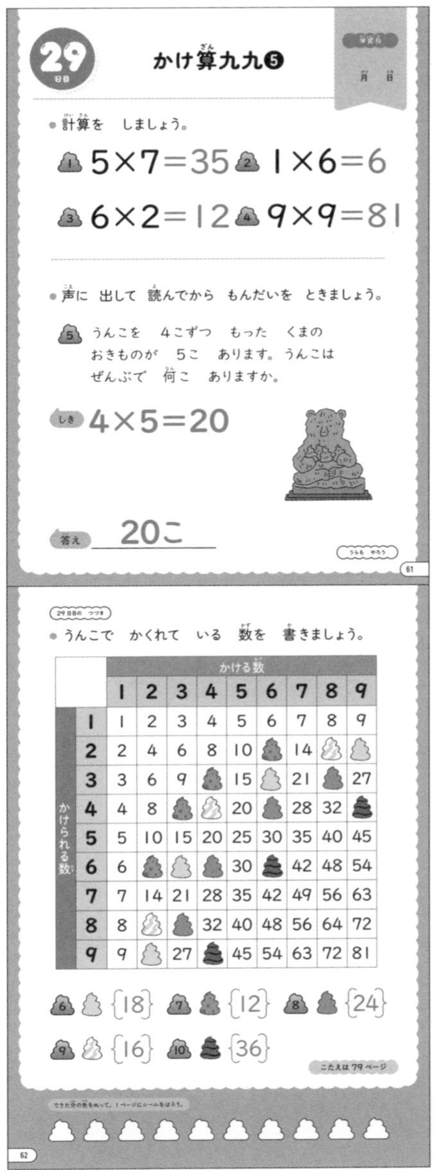

29 日目 かけ算九九❺

がくしゅう日　月　日

● 計算を　しましょう。

1. 5×7＝35
2. 1×6＝6
3. 6×2＝12
4. 9×9＝81

● 声に　出して　読んでから　もんだいを　ときましょう。

5. うんこを　4こずつ　もった　くまの　おきものが　5こ　あります。うんこは　ぜんぶで　何こ　ありますか。

しき　4×5＝20

答え　20こ

うらも　やろう

61

29日目の　つづき

● うんこで　かくれて　いる　数を　書きましょう。

	かける数								
かけられる数	1	2	3	4	5	6	7	8	9
1	1	2	3	4	5	6	7	8	9
2	2	4	6	8	10		14		
3	3	6	9		15		21		27
4	4	8			20		28	32	
5	5	10	15	20	25	30	35	40	45
6	6				30		42	48	54
7	7	14	21	28	35	42	49	56	63
8	8			32	40	48	56	64	72
9	9		27		45	54	63	72	81

6. {18}
7. {12}
8. {24}
9. {16}
10. {36}

こたえは 79 ページ

できた分の色をぬって、1ページにシールをはろう。

62

30 日目 かけ算の　もんだい

がくしゅう日　月　日

● 4人の　うんこの　長さを　くらべます。

1. ぼくは, 弟の　2　ばい。
2. おとうさんは, ぼくの　2　ばい。
3. おとうさんは, 弟の　4　ばい。
4. おじいちゃんは, ぼくの　3　ばい。
5. ぼくの　5ばいは　20　m。

うらも　やろう

63

30日目の　つづき

● はこに　入った　うんこの　数を　考えます。■と　●を　線で　むすびましょう。

6. → 4×2=8 / 2×4=8 / 8+8=16
7. → 2×2=4 / 4×4=16
8. → 2×1=2 / 2×8=16
9. → 4×6=24 / 2×4=8 / 24−8=16
10. → 2×6=12 / 2×2=4 / 12+4=16

こたえは 79 ページ

できた分の色をぬって、1ページにシールをはろう。

64

1 ページの　こたえ：36 こ

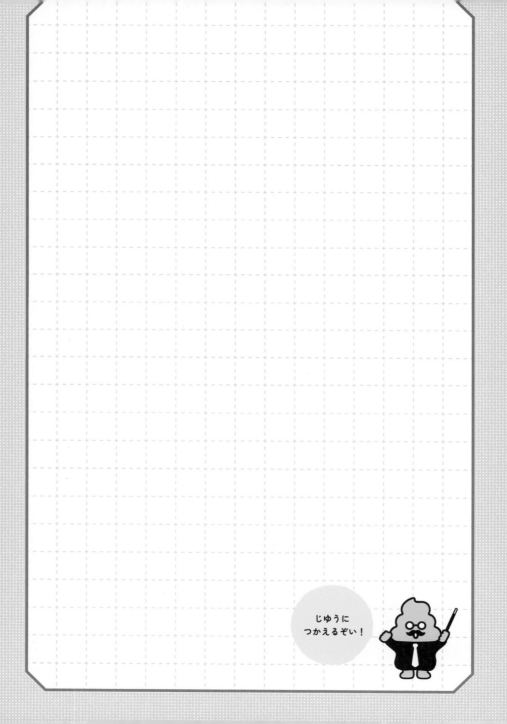

じゆうに
つかえるぞい！

うんこドリルセット購入者限定！

学習に役立つ

特別ふろく付き

シール付うんこノート

⬇ ご購入は各QRコードから ⬇

小学1年生

漢字セット

漢字セット 2冊

- かん字
- かん字もんだいしゅう編

算数セット

算数セット 3冊

- たしざん
- ひきざん
- 文しょうだい

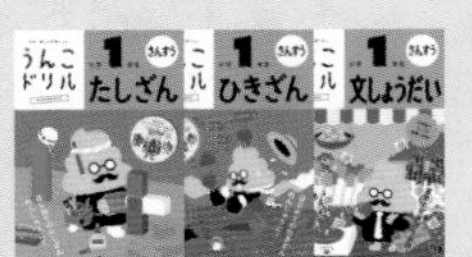

オールインワンセット（全部入り！）

オールインワンセット 7冊

- かん字
- かん字もんだいしゅう編

- たしざん
- ひきざん
- 文しょうだい

- アルファベット・ローマ字
- 英単語

小学2年生

漢字セット

漢字セット 2冊

- かん字
- かん字もんだいしゅう編

算数セット

算数セット 4冊

- たし算　・ひき算
- かけ算　・文しょうだい

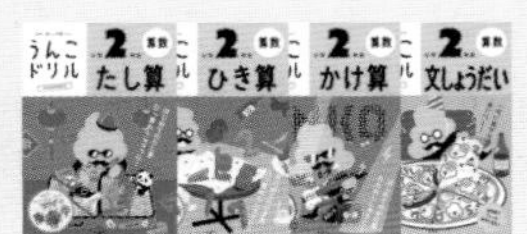

オールインワンセット

オールインワンセット 8冊

- かん字
- かん字もんだいしゅう編

- たし算　・ひき算
- かけ算　・文しょうだい

- アルファベット・ローマ字
- 英単語

※セットによって特別ふろくの内容は異なります。

×

＝ うんこ コミックス UNKO COMICS

あの「うんこドリル」のうんこ先生の爆笑ギャグ漫画!!

おはよう！うんこ先生

原作：古屋雄作　漫画：水野輝昭

定価（本体 505 円＋税）

走れ！ウンコオー

浦田カズヒロ

定価（本体 505 円＋税）

「競うん」それは自分のうんこに乗って競うレース!!

発売中!!

近くに本屋がなければQRコードから！

おはよう！うんこ先生

走れ！ウンコオー